MÉMOIRES

SUR LES PERFECTIONNEMENS

APPORTÉS

DANS L'ART DE LA CHAPELLERIE,

DEPUIS ENVIRON TRENTE ANS.

IMPRIMERIE DE FAIN, PLACE DE L'ODÉON.

MÉMOIRES

SUR LES PERFECTIONNEMENS

APPORTÉS

DANS L'ART DE LA CHAPELLERIE,

DEPUIS ENVIRON TRENTE ANS;

PAR M. GUICHARDIÈRE,

Fabricant de chapeaux, membre du Conseil général des manufactures près du ministère de l'intérieur.

(EXTRAIT DES ANNALES DE L'INDUSTRIE NATIONALE, etc.)

A PARIS,

CHEZ L'AUTEUR, RUE SAINT-JACQUES, N°. 178.

1824.

MÉMOIRES
SUR LES PERFECTIONNEMENS
APPORTÉS
DANS L'ART DE LA CHAPELLERIE,
DEPUIS ENVIRON TRENTE ANS.

MÉMOIRE

Sur de nouveaux procédés pour fabriquer des chapeaux de feutre.

M. GUICHARDIÈRE, l'un des plus habiles fabricans de chapeaux de France, a toujours consacré ses soins, ses talens, sa fortune et sa santé à des recherches dans la vue de perfectionner l'art qu'il exerce; ses tentatives ont presque toujours été couronnées d'un brillant succès, et il a beaucoup avancé l'art de la chapellerie. Il y a environ six mois qu'il apprit qu'un nommé *Miel*, des environs de Dijon, établi depuis long-temps à Trieste, était venu à Paris pour tâcher d'y vendre le secret de fabriquer les chapeaux d'après les procédés suivis en Italie. Il ne trouva point d'acheteurs. Avant de repartir, *Miel* enseigna son secret à un jeune homme de ses amis, qui en tira avantage, sans vouloir le communiquer à personne. M. *Guichardière* n'apprit toutes ces particularités qu'après le départ de *Miel;* il vit de ces chapeaux, et, après beaucoup d'observations, il en a deviné la fabrication.

Aussitôt qu'il fut assuré de la réussite, il rendit son procédé public par la voie de l'impression. A la dernière exposition au Louvre, il en distribuait *gratis* un extrait à tous ceux qui le désiraient, et il remit au Jury central le mémoire qu'on va lire, dans lequel toute la manipulation est soigneusement expliquée. On ne saurait donner trop d'éloges à ce fabricant philanthrope, qui aurait pu se faire une belle fortune en tenant secret un procédé qu'il avait découvert, et qui promet d'utiliser avec avantage des matières qui jusques-là étaient rejetées par la chapellerie.

« Pour fabriquer des chapeaux à l'instar des Italiens, dit M. *Guichardière,* on peut employer les poils de lièvre de tous les pays; mais celui de la France est préférable, ainsi que ceux de la Savoie, de la Suisse, du Tyrol, de la Carinthie, de la Carniole, de la Styrie, etc.; attendu que le duvet de ces peaux feutre et rentre plus énergiquement que ceux du nord.

» Celui qui a fait connaître, en France, ce système de fabrication, m'a dit qu'à Trieste on est beaucoup plus avancé dans cet art que dans toutes les autres villes d'Italie; parce que, dans cette ville, le nombre des fabricans est beaucoup plus considérable que partout ailleurs. Il en résulte une grande concurrence, qui est cause qu'ils ont porté cet art à la dernière perfection.

» Je vais tâcher, autant que mes moyens me le permettront, d'indiquer la manière de s'y prendre, pour parvenir à ce nouveau système de fabrication.

Préparation et nettoyage des peaux de lièvre, avant de les ébarber.

» Cette opération, en termes de l'art, se nomme *dégaller*. Pour la bien faire, on doit se servir d'un carrelet, espèce de petite carde propre à ce genre de travail, et d'un peigne de fer à crochet, nommé *grattoir*. Il est nécessaire de gratter les poils à plusieurs reprises, et de les baguetter alternativement, jusqu'à ce que le duvet et le jarre soient entièrement libres, et qu'en secouant la peau, il n'en sorte plus de poussière. Cette opération se fait uniquement pour débarraser le poil du sang produit par le coup de feu, et pour faciliter l'opération suivante.

Ébarbage.

» Cette opération, quoique très-peu importante en apparence, mérite cependant quelques soins. Elle consiste à avoir la main légère, à couper avec des ciseaux le jarre, à la hauteur du duvet, sans jamais l'atteindre, surtout au dos. Sans cette précaution, vous manquez entièrement le but que vous vous êtes proposé, puisque la pointe du duvet est la partie la plus fine de la matière. Mais, pour la gorge et le ventre, il faut le raccourcir d'un tiers de sa longueur. Sans cette précaution, on aurait beaucoup de peine à rendre le feutre lisse ou uni.

Secrétage.

» Cette opération est la base fondamentale de la bonne ou de la mauvaise fabrication ; on ne saurait donc y apporter trop de soins. Il serait très-nécessaire d'avoir des notions de chimie, puisque cet art est tout chimique. Elle servirait à discerner si l'acide nitrique et le mercure que l'on emploie ont les qualités propres à toucher les poils préliminairement, pour les disposer à se feutrer. Pour bien secréter, il faut faire dissoudre 6 onces de mercure neuf dans 16 onces d'acide nitrique pur à 34 degrés, étendues de 16 parties de décoction de la grande consoude et de la racine de guimauve. Ces deux plantes, l'une astringente et l'autre mucilagineuse, ont la propriété de donner une certaine douceur au feutre et plus d'action feutrante aux poils, en détruisant la causticité de l'acide. Je dois faire observer que la décoction citée plus haut est la tisane que quelques anciens chapeliers employaient avant la découverte du nitrate de mercure, en France. Lorsque la dissolution est préparée, il faut plonger légèrement la brosse dans la liqueur, et frotter, par une forte pression, les poils, jusqu'à ce qu'ils soient touchés des deux tiers de leur longueur, et plus, s'il est possible. Il faut ensuite les faire sécher à l'étuve, à une température très-élevée, attendu que, l'acide étant affaibli, le poil ne peut être brûlé.

Manière d'humecter les peaux, pour les disposer à lâcher leur duvet.

» Cette opération se fait au moyen d'une préparation d'eau alcaline ou lessive contenant un vingtième d'eau de chaux, avec laquelle on imbibe le cuir. On doit avoir la précaution de les joindre deux à deux, le poil en dedans, pour éviter qu'il ne se mouille. On en fait un tas de 50. On les couvre ensuite d'une planche sur laquelle on met un poids très-lourd, afin de les presser, pour que le cuir s'amollisse plutôt. Il faut observer que le temps le plus long pour parvenir à ce résultat, est ordinairement de 24 heures.

Arrachage ou extraction du duvet.

» Pour ce nouveau système de fabrication, il faut employer les poils arrachés. Pour cet effet, on pince le duvet entre le pouce et la lame d'un couteau, et par une légère pression, on en fait l'extraction. Par ce moyen, le duvet emporte avec lui sa racine; tout ou presque tout le jarre reste sur la peau. On doit continuer d'arracher ou d'extraire, jusqu'à ce qu'il ne reste plus de poil sur le cuir, en ayant soin de séparer chaque qualité, c'est-à-dire les poils du dos, des côtés, de la gorge et du ventre.

Observation sur la différence qui existe entre les poils arrachés et les poils coupés.

» Les poils arrachés étant obtus du côté de la racine, et privés de leurs jarres, ont plus de difficulté à produire le feutre; leur action feutrante et rentrante doit être plus lente que celle des poils coupés; mais aussi ils ont l'avantage de produire des chapeaux brillans et solides. Je conviens que beaucoup d'opérations primitives sont plus pénibles que par le système ordinaire, surtout la foule; mais nous avons l'avantage d'utiliser le poil commun du ventre du lièvre, qui ne présente que très-peu de valeur: de plus, par ce procédé, jamais un chapeau ne dépérit sous la main de l'ouvrier; au contraire, plus il le travaille, plus il a de brillant et de solidité, et plus d'homogénéité.

» Je crois que ce que je viens de faire observer est suffisant pour prouver que le duvet arraché est préférable à celui qui est coupé.

Arçonnage et bâtissage de la première qualité.

» On commence par peser la quantité de poil nécessaire pour produire le chapeau, suivant la force que l'on veut lui donner, en y ajoutant un demi-quart d'once de belle vigogne rouge, pour chaîne. On met alors cette quantité de poil sur la claie, et on la mêle avec l'arçon, jusqu'à ce que le tout soit bien mélangé et ne présente plus aucune nuance. Il faut avoir bien soin d'extraire tous les corps étrangers ou ordures. Lorsque cette opération est terminée, on ôte la claie, on nettoie la table, et ensuite on la mouille; cette humectation facilite l'adhérence des poils. Il est d'usage que cette quantité de matière soit divisée en deux portions égales, pour former les deux pièces; on les arçonne, et on a soin de les étendre le plus possible, et surtout de les faire très-hautes. Il faut avoir soin, avant de les commencer, de bien ouvrir l'étoffe, et de bien diviser les poils, c'est-à-dire arçonner fin, et extraire toutes les petites ordures qui auraient pu échapper aux premières opérations, et de les rendre le plus maniables possible. Pour avoir plus de facilité à les étendre dans la toile feutrière, et lorsque ces mêmes parties sont *marchées* par une forte pression, au bassin, il faut composer le chapeau très-grand, étroit et haut en même temps ; l'assiette et le flanc de forme minces, et la carre passablement forte, de même que le lien, et l'arrête déliée. Lorsque le chapeau est également étoupé, il faut avoir soin de rendre les poils bien adhérens, c'est-à-dire qu'il faut que le bâtissage soit assez feutré pour pouvoir brosser le plutôt possible à la foule.

Foulage.

» Pour fouler les chapeaux, il faut avoir soin de composer un bain très-acidulé, au moyen de deux agens réunis, qui sont : le tartrate de potasse, et l'acide gallique produit par la décoction d'écorce de chêne. Ce bain doit toujours être à l'ébullition lorsqu'on y trempe son chapeau ; il faut observer qu'il soit bien imbibé partout, ce qui s'aperçoit quand on déploie le bâtissage. S'il se trouve quelque endroit que l'eau n'ait pas atteint, on y supplée par la brosse-lustre ; on foule deux ou trois croisées sans conserves, à roulement clos, sans tremper beaucoup ; et lorsque le feutre est bien formé, on emploie la pression de la brosse. Mais avant, il faut bien nettoyer son chapeau, en frottant avec la main nue; le feutre étant encore tendre, les jarres s'échappent plus facilement que lorsqu'il est plus formé.

» Lorsqu'on commence à se servir de la brosse, il faut employer une légère pression, en commençant par la tête, ensuite le bord, et continuer ainsi pendant cinq à six croisées. Alors on étend à la planche le chapeau, on le retourne et on le frotte à la main, pour en extraire les jarres prêts à s'échapper, de même que je l'ai cité plus haut. Ensuite on emploie la brosse seulement du côté du bord, pour rentrer, feutrer et développer le duvet pendant cinq à six croisées. On l'étend encore à la planche, on le retourne, et on emploie une plus forte pression à mesure que le feutre prend de la consistance. On tourne, retourne, et on brosse alternativement jusqu'à ce que le chapeau soit assez petit pour aller sur la forme. S'il arrivait que le feutre ne fût pas égal, il faudrait brosser davantage les places minces, pour tâcher de les égaliser. Je fais observer que, pour avoir du brillant, il faut tremper souvent, bien chaud, et fouler pendant trois à quatre heures. Cette manière de fouler est considérablement plus pénible que par le procédé ordinaire.

Deuxième qualité.

» Cette qualité est en quelque sorte plus difficile et plus pénible à fabriquer que la première. Elle se fait avec les poils de côté et les plus beaux de ceux des gorges, qui ont moins d'action feutrante que les poils du dos. On y ajoute un demi-quart d'once de vigogne rouge, afin de suppléer à ce défaut. Pour me servir des termes de l'art, on dore le chapeau, au bassin, d'une once et un quart de poil du dos secrété. Cette addition a l'avantage de faire rentrer plus énergiquement le fond qui en est la base, ce qui lui donne la solidité et la beauté en même temps. Cette qualité ne diffère de la précédente que parce que l'une est dorée et que l'autre ne l'est pas. Il faut dire que la foule est très-pénible, attendu que la dorure de poil secrété et arraché *ride* très-long-temps.

» Pour rendre le feutre lisse, il faut tremper chaud et souvent, brosser avec la plus forte pression, et bâtir moins grand.

Troisième qualité.

» Cette qualité a beaucoup plus d'analogie avec la précédente qu'avec la première. Elle se fait avec le bas poil des gorges et le poil commun du ventre; on y ajoute un quart d'once de vigogne rouge, et on dore aussi avec une once et un quart de poil du dos secrété. Pour l'opération du bassin et de la foule, il n'y a rien à changer, si ce n'est qu'il faut arçonner et bâtir plus court que pour la deuxième qualité, attendu que plus les poils sont grossiers, moins ils ont de dispositions feutrantes. Ainsi donc, pour amener ces chapeaux à leur qualité, il faut les fouler vigoureusement, je veux dire qu'on ne saurait employer trop de force; et si l'on veut obtenir un feutre lisse, pour les commencer, il faut fouler au roulement clos avec les conserves, et pour les finir, quatre à cinq croisées au roulet. Dans ces sortes de chapeaux, il est toujours plus difficile de faire passer la *ride*. Pour cet effet, il faut que le bain soit toujours à l'ébullition, vu que le chapeau est plus fort, et que le bain pénètre moins.

Dressage.

» Pour mettre sur forme ces chapeaux, l'on emploie les mêmes moyens que pour les autres. Mais comme ce feutre est plus serré et moins élastique, il faut employer beaucoup plus de force, pour détruire le cône; c'est-à-dire pour faire la place de la forme qui doit être toujours plus grande que son diamètre, ce qui donne une grande facilité à l'assortir pour la teinture. Indépendamment de ce que le chapeau est dressé en forme, tel que je l'indique, il n'est pas susceptible de bomber et de creuser à l'appropriage. Je dois faire observer que, pour la propreté, on doit toujours dresser ou former à l'eau chaude et claire; cette précaution force le chapeau à tirer sa couleur, et facilite son éclat.

Tirage au carrelet.

» Cette opération, quoique très-simple, est une de celles qui méritent le plus d'attention. Pour cet effet, on doit se servir d'un carrelet très-doux, et employer une légère pression. Avec cette précaution, le chapeau donne tout son velu; dans le cas contraire, on décompose le feutre, et on fait un rebut. Cependant je dirai que les chapeaux produits par les poils arrachés, le feutre étant plus dense, sont moins sujets à se décomposer que ceux dont les poils sont coupés.

Teinture.

» Les chapeaux foulés à la brosse sont plus faciles à teindre que les chapeaux fabriqués au moyen du procédé ordinaire, attendu que la lie de vin, pressée, a deux principes, l'un acide et l'autre alcalin. Le premier sert à faire feutrer, et le second facilite les poils à donner du brillant, ce qui fait que le chapeau a plus d'aptitude à tirer sa couleur. Le plus fin est toujours le plus noir, et le plus grossier l'est toujours moins. Voilà la raison pour laquelle, dans la première qualité, les poils qui sont plus fins, plus divisés et plus nerveux résisteront davantage à la haute température du bain, c'est-à-dire à l'action de l'excès de fer que contient souvent la couperose; car je suis persuadé que l'excès d'acide n'altère jamais. Pour les autres qualités, il faut employer la couperose, avec beaucoup de modération, seulement pour tourner le bain, avoir une température douce, et donner huit à dix feux. Sans cette précaution, on altérerait la deuxième qualité, et on brûlerait la troisième. On doit toujours, pour dégorger, avoir de l'eau à l'ébullition; sans cette précaution, les chapeaux sont ternes et pleins de poussière. Il faut de même les faire sécher au moyen d'une chaleur douce, laisser à l'étuve une issue pour que le gaz acide carbonique puisse s'échapper, et ne placer les chapeaux qu'après la combustion.

» Je dirai peu de chose sur les autres opérations; je ferai observer seulement qu'à celle de l'appropriage le chapeau est un peu plus pénible à dresser, attendu que le feutre est plus nerveux. Mais, en compensation, on a beaucoup moins de peine à l'éjarrage, puisqu'il est vrai qu'il y a beaucoup moins de jarres à extraire que dans les chapeaux fabriqués par le procédé ordinaire. »

Nota. M. *Guichardière* nous a communiqué plusieurs autres mémoires très-importans sur les perfectionnemens qu'a obtenus l'art de la chapellerie. Nous les mettrons successivement sous les yeux de nos lecteurs, et nous pensons qu'on les lira avec le plus grand intérêt. Il est malheureux qu'une maladie nerveuse produite par les diverses expériences malsaines auxquelles il s'est livré pour les progrès de son art, l'ait forcé d'abandonner sa fabrique en gros, pour ne se livrer qu'à celle que nécessite son détail. Malgré que sa fabrication ne soit pas aujourd'hui très-étendue, on peut la regarder comme une véritable *école de chapellerie gratuite*, tant sous le rapport de la pratique que sous celui de la théorie.

Il serait à désirer que tous les manufacturiers voulussent, par esprit de philanthropie, comme cet habile fabricant, communiquer les procédés qu'ils emploient dans la manipulation de l'art qu'ils exercent.

(*Note des rédacteurs.*)

MÉMOIRE

Sur quelques perfectionnemens obtenus dans l'art de la chapellerie.

Le mémoire qu'on va lire avait été remis au Jury central de l'exposition de 1823, conjointement avec celui qu'on vient de lire, page 5 de ce recueil ; il est le résultat des travaux importans de cet habile manufacturier. Ce mémoiré était accompagné de la lettre suivante, adressée aux membres du Jury central.

A MM. les membres composant le Jury chargé de prononcer sur le mérite des travaux industriels, à l'exposition de 1823.

« Messieurs, j'ai l'honneur de vous présenter le fruit des expériences que j'ai faites depuis la dernière exposition; heureux si je puis mériter vos suffrages!

» Mon intention n'avait pas été d'abord de concourir; mais, en ne concourant pas, mes produits auraient eu simplement l'avantage d'être exposés à la vue du public, qui n'est pas compétent pour les juger; mon intention étant qu'ils soient soumis à votre jugement, je vous les présente avec confiance.

» *Signé* : GUICHARDIÈRE. »

Expériences.

« Je me suis efforcé de trouver les moyens de dégraisser les poils d'ours marin, matière que j'ai le premier appliquée à la chapellerie. J'ai essayé, 1°. le vieux suin; 2°. l'acide sulfurique; 3°. le sous-carbonate de soude, comme produisant le meilleur effet. Je ne dissimule pas que cet alcali décompose un peu les feutres; mais on pare à cet inconvénient, en faisant un nouveau bain fortement acidulé, par le tartrate de potasse et l'acide gallique combinés.

Après une demi-heure de foule dans ce bain, le feutre reprend sa consistance ordinaire, et le chapeau conserve sa couleur, comme celui qui est fabriqué avec le poil de lièvre.

» Ayant appris depuis long-temps que les Anglais fabriquent des chapeaux imperméables, je me suis livré à plusieurs expériences. J'ai employé alternativement plusieurs dissolutions telles que les résines, les gommes-laques, les cires vierges; mais je n'ai pas obtenu des résultats satisfaisans. En continuant mes expériences, mon but est de trouver un imperméable analogue aux plumes des oiseaux aquatiques. Quelques fabricans de Paris et de Lyon ont trouvé le moyen d'imprégner le velu d'un principe oléagineux, ce qui leur donne un brillant factice qui ne se conserve pas. Mais ce procédé, nonobstant qu'il ne garantit pas le chapeau de l'action de l'eau qui le rend terne, attire à lui tous les atomes de poussière répandus dans l'atmosphère.

» Dans les dernières expériences que j'ai faites sur la teinture, je me suis convaincu que le sulfate de fer qui contient excès d'acide n'altère pas le feutre comme celui qui contient excès de fer. D'après ce qui précède, le pyrolignite de fer ou l'acétate de fer corrode de même. On doit donc donner la préférence au sulfate de fer, lorsqu'il est réellement sel neutre, en raison de ce que le prix de ce dernier est moins élevé.

NOTICE

Sur la manière de fabriquer des chapeaux velus, éclatans et solides en même temps, par le moyen de la brosse, à la foule, avec les poils, duvet de lièvre de France, arrachés.

» C'est une chose surprenante qu'un peuple aussi léger que le Français, aussi changeant, aussi inconstant dans ses modes, soit autant attaché au système routinier, du moins dans l'art de la chapellerie. Avant la révolution, la France, pour ces sortes de produits, jouissait d'une priorité absolue dans tous les marchés de l'Europe, de l'Amérique et des îles voisines de ce continent. Sans exagérer, on peut dire que tous les peuples du globe, qui se coiffent d'un chapeau, donnaient la préférence à ceux fabriqués en France.

» Avant notre révolution, on ne fabriquait en Europe, l'Angleterre et la Flandre exceptées, que des chapeaux ras. Les Anglais fabriquaient et fabriquent encore des chapeaux velus nommés, en termes de l'art, *oursons* et *demi-oursons*, dont les fonds se recouvrent à la surface de poils de castors, ours marins, ratons du Mexique, etc.; c'est d'eux que nous tenons ce genre de fabrication. Lorsqu'ils sont venus en France, en 1814, ils se sont introduits dans nos fabriques; ils réussirent à séduire plusieurs ouvriers qu'ils emmenèrent en Angleterre, pour leur faire fabriquer des chapeaux façon flamande. Mais, soit que leur poil soit mal sécrété, soit que le bain dans lequel ils foulent, préparé par l'acide sulfurique, ne soit pas propre à ce genre de fabrication, les ouvriers français furent obligés d'y renoncer, et de revenir en France. Ils conviennent que pour les chapeaux recouverts à leur surface, les Anglais sont d'une adresse que nous sommes loin d'atteindre, et qu'ils seront long-temps nos maîtres dans ce genre de travail, seulement.

» Cependant, on est forcé de convenir qu'ils ont fait faire quelques progrès à cet art; ils ont 1°. pour le bain de la foule, substitué le tartrate de potasse à l'acide sulfurique; 2°. dans la teinture, ils ont substitué le citrate de fer au sulfate de fer; enfin, depuis deux ou trois ans, ils fabriquent tous ou presque tous leurs chapeaux imperméables. Ce système d'imperméabilité est connu en Italie et en Allemagne, du moins à Trieste et à Vienne.

» Depuis quelque temps on a essayé d'en faire à Paris, je ne pense pas qu'on ait parfaitement réussi. Or, je conclus que les Anglais, dans leur manière de fabriquer, ont fait plus de progrès que nous. C'est encore d'eux que nous tenons les moyens de fabriquer des chapeaux de feutre recouvert d'un tissu de soie. Cependant il est presque certain que ce sont les Florentins qui ont eu, les premiers, l'idée de ce genre de production, il y a plus de 60 ans.

» Les Flamands fabriquent des chapeaux velus plus riches que ceux des Anglais; pour cet effet, ils emploient tout ou presque tout poils de lièvre du Nord, matière qui produit un feutre très-poreux, ce qui donne une grande facilité pour développer beaucoup de velu, et procurer de la beauté aux chapeaux, mais toujours aux dépens de la solidité du feutre, puisqu'il est vrai que dans un chapeau porreux, aussitôt que la pluie attaque le corps collant qui a servi à l'apprêter, l'apprêt remonte à sa surface, rend le feutre galeux, tellement que la brosse la plus rude, par la plus forte pression, ne peut le détacher. Joignez à cet inconvénient que la teinture flamande n'a point de solidité, ce qui fait que les détaillans de Paris les ont toujours rebutés.

» Il y a 30 ans environ que nous avons commencé à imiter les Flamands, en joignant autant que possible l'utile à l'agréable; je veux dire que nous avons produit moins de velu, un feutre plus dense, et un noir plus solide; nous obtenons aussi plus de légèreté. Je dirai, à l'appui de ce que j'avance, que malgré les nombreuses fabriques de chapeaux dont ce pays abonde, et un droit de 3 francs 50 centimes dont nos chapeaux sont frappés pour entrer dans ce royaume (droit équivalant à une prohibition), nous fournissons encore au moins un tiers de leur consommation, surtout à Anvers, Bruxelles, Gand, etc. Les Allemands ont aussi imité les Belges, mais avec moins de succès que nous. D'après ce qui précède, je pense que malgré le peu de progrès que nous avons fait, et qui ne date réellement que depuis une douzaine d'années, nous sommes encore supérieurs aux Flamands et aux Allemands dans toutes les opérations de la chapellerie.

» Les Italiens, surtout à Trieste, ont imité la fabrication flamande pour la beauté, et la nôtre pour la solidité, en produisant de beaux chapeaux velus et solides tout à la fois. Ce qui leur donne cette facilité, c'est le poil de lièvre des montagnes de Suisse, des Grisons, du Tyrol, de la Carniole, de la Carinthie, de la Styrie, etc., qui produit plus d'action feutrante que ceux du Nord. Pour cet effet, ils ont pensé que toucher les poils préliminairement avec le nitrate de mercure étendu de 6 parties d'eau (proportion d'usage), n'était pas suffisant pour obtenir un bon et beau feutre. Pour obvier à cet inconvénient, ils ont substitué à l'eau, avec laquelle on étend la dissolution mercurielle, 16 parties d'un agent propre à faire feutrer les poils. Cette décoction ou dissolution ne peut être qu'astringente, et doit avoir beaucoup d'affinité avec le nitrate de mercure. Il est donc constant que lorsque deux agens feutrans réunis agissent de concert, on doit obtenir une action feutrante plus énergique, et par conséquent de meilleurs produits. Une des causes qui leur fait obtenir ces résultats, c'est qu'à l'opération préliminaire du sécrétage, ils touchent les poils des deux tiers de leur longueur; tandis que les Français et les Flamands ne les touchent que superficiellement, sans remarquer que notre agent feutrant est de moitié moins actif que le leur.

» Il est bon d'observer que ce double agent employé à Trieste est pour suppléer à l'action rentrante trop lente des poils arrachés, qui sont presque purgés de jarres.

» Je ferai observer encore que rentrer et feutrer ne sont pas synonymes, car un chapeau peut très-bien rentrer et ne pas feutrer, comme il peut aussi feutrer sans rentrer; ce qui arrive presque toujours par les poils arrachés, sécrétés par la dissolution ordinaire. J'ai éprouvé ce désagrément, lorsque j'ai fait des chapeaux sans jarres, qui ne peuvent se fabriquer que par le duvet arraché. Il m'a fallu bâtir beaucoup plus petit, et fouler à la main beaucoup plus long-temps; je n'aurais jamais réussi à les rendre assez petits, si je les eusse foulés à la brosse.

» A l'imitation des Italiens, qui emploient un double agent pour faire rentrer et feutrer les poils de lièvre en foulant à la brosse, nonobstant qu'ils préparent leur bain de foule par une forte dissolution de tartre brut beaucoup plus actif à faire rentrer et feutrer que la lie de vin pressée dont nous nous servons ordinairement; et sans connaître leurs procédés de sécrétage, j'ai additionné la décoction des plantes styptiques et mucilagineuses qui, je crois, formaient la tisane que les chapeliers employaient avant la découverte du sécrétage par le nitrate de mercure; comme eux j'ai touché les poils des deux tiers de leur longueur, et par ce moyen, d'après la comparaison, j'obtiens les mêmes résultats. Mais je dois dire que ce système de fabrication est plus pénible que le procédé ordinaire; mais aussi il donne un grand avantage à employer le poil commun du ventre de lièvre qui ne sert ordinairement qu'à produire de très-mauvais chapeaux communs, et en le mélangeant avec le poil de chèvres d'Abyssinie et celui de lapin. Son prix moyen est de 4 francs, tandis qu'en l'employant par le procédé italien, il a une valeur réelle de 10 francs; les poils des côtés et des gorges, dont le prix moyen est de 12 francs, acquièrent une valeur réelle de 18 à 20 francs; et ceux du dos, dont le prix moyen est de 32 francs, une valeur réelle de 40 francs, attendu qu'avec 2 onces et demie, 3 onces, 3 onces et demie, 4 onces de ce poil, on peut produire des chapeaux presque sans jarres, plus beaux, plus solides que ceux du même poids foulés à la main, par le roulement clos, et par le sécrétage ordinaire.

» D'après toutes ces considérations, je crois avoir fait une conquête sur l'industrie étrangère.

» J'aime mon pays et mon art avec passion; sans avoir été stimulé par les promesses d'aucune récompense, j'ai passé ma vie à de laborieuses recherches sur les moyens de perfectionner la chapellerie, c'est-à-dire que je me suis efforcé de la mettre en harmonie avec les connaissances que la chimie moderne a fait faire aux arts; si la chapellerie n'a pas fait plus de progrès, ce n'est réellement pas ma faute; toutes les fois que les circonstances se sont présentées, je les ai saisies avec avidité, mais malheureusement j'ai souvent prêché dans le désert.

» Un nommé *Miel*, des environs de Dijon,

établi depuis long-temps à Trieste, vint à Paris, dans la vue de tirer parti de son secret de fabrication, en le vendant à quelques chapelliers; il en parla à plusieurs gros fabricans qui, entichés de leur système routinier, ne firent aucun cas de ses propositions. Je ne me trouvai pas en contact avec lui, et ne pus l'apprécier. Ce ne fut que quelque temps après son départ que j'appris les motifs de son voyage à Paris; j'ai su aussi que pour une somme modique il avait transmis sa méthode à un jeune homme qui l'exploite à son profit, et qui ne le divulguerait pas pour beaucoup d'argent. Le sieur *Miel* est reparti pour Trieste, afin d'y former un nouvel établissement.

» Pour moi, je regrette bien sincèrement qu'il ne se soit pas fixé à Paris; étant d'une adresse admirable, il aurait fait faire des progrès rapides à cet art. Puisque mes regrets devenaient inutiles, je n'avais, pour tâcher de découvrir ce nouveau procédé, qui me paraissait avantageux, d'autres ressources que dans mes propres moyens. Depuis trois mois environ que j'ai eu l'idée de ce système de travail, et malgré mon affection nerveuse, je me suis livré avec ardeur à plusieurs expériences pénibles, coûteuses et malsaines. Mais je compte pour rien mes peines et mes souffrances, puisque mes résultats sont satisfaisans, ce dont vous pourrez juger en examinant mes produits, qui ne sont que mes premiers essais, et par conséquent ne peuvent être parfaits.

» Je ne prétends pas en faire ma propriété exclusive; j'ai le dessein d'en faire hommage au gouvernement, et je donnerai, s'il l'agrée, un mémoire détaillé sur la manière d'opérer dans ce nouveau genre de production, qui diffère beaucoup du procédé ordinaire.

Nota. Nous avons donné, page 62 de ce recueil, le mémoire dont parle ici M. *Guichardière*. L'importance de ce procédé et l'influence qu'il peut avoir pour notre commerce par le perfectionnement notable qu'il apporte dans l'art de la chapellerie, nous ont déterminés à le faire connaître de suite avant de donner l'historique de cette découverte. Cet habile et zélé manufacturier nous a communiqué un troisième mémoire sur l'histoire des perfectionnemens que la chapellerie a obtenus depuis une trentaine d'années; nous le donnerons dans le prochain cahier.

(*Note des rédacteurs.*)

NOTICE

Sur les améliorations qu'a subies l'art du chapelier depuis environ quarante ans.

« Depuis trente-cinq ans environ, nous avons adopté les chapeaux forme *jockey*, mode anglaise, inventée d'abord pour les domestiques, et qui ensuite passa aux maîtres. Depuis cette époque, qui est à peu près celle du commencement de notre révolution, nous avons successivement abandonné les chapeaux *ras*, pour imiter la fabrication flamande (chapeaux velus), foulés par la pression de la brosse seulement, ou au moyen de la brosse et du roulement clos. Ces chapeaux sont fabriqués en pur poil du dos de lièvre d'hiver, *coupé* ou *arraché*. Par cette dernière méthode (c'est-à-dire par les poils arrachés), le travail de la foule est beaucoup plus pénible que par la méthode des poils coupés, attendu que ces poils étant pourvus de leurs racines ou bulbes, ils ont plus de difficulté à pénétrer dans les interstices. Mais, d'un autre côté, ce surcroît de peine est bien balancé par l'avantage de produire des chapeaux plus beaux et plus solides. Ces poils arrachés ont encore l'avantage d'avoir plus de dispositions à s'imprégner des parties colorantes, attendu que la pression de la brosse les développe et les lave en même temps dans la dissolution alcaline de la lie de vin, pressée à une très-haute température.

» Avant notre révolution, on ne fabriquait presque point, ou du moins très-peu, de chapeaux velus. C'étaient tous ou presque tous des chapeaux *ras* composés de plusieurs mélanges ou combinaisons, soit avec le lièvre, le lapin de garenne, dorés ou mélangés, soit moitié lièvre et moitié castor, soit enfin castor pur. Les premiers étaient appelés chapeaux *mi-castors*, les seconds *castors ordinaires*, et les troisièmes *castors superfins*. On fabriquait encore une qualité plus commune qu'on nommait *mélange*, parce qu'elle était faite avec les bas poils de lièvre et de lapin, auxquels on ajoutait un tiers de poils de chameau (chèvre d'Abyssinie). Ces sortes de chapeaux étaient presque toujours vendus pour les colonies. On fabriquait aussi beaucoup de chapeaux de castor blanc, pour les ecclésiastiques d'Espagne. M. *Châtelain* surtout se faisait remarquer dans ce genre de fabrication; il était le seul qui n'employât que cette matière, et ses produits étaient tellement estimés, qu'il obtenait la préférence sur tous les autres fabricans français et étrangers. Tous les ouvriers n'étaient pas propres à ce genre de fabrication; aussi ceux qui avaient l'honneur et le bonheur de travailler dans cette maison, indépendamment de ce qu'ils étaient habillés plus proprement que les autres (on les distinguait par une espèce d'uniforme qui consistait en un petit bonnet de toile blanche, brodé en coton rouge), ils étaient aussi moins ivrognes, et se mêlaient rarement avec eux. J'oubliais de dire que M. *Châtelain* ne fabriquait que trois sortes de chapeaux, les blancs, les gris et les noirs. C'était la seule maison qui savait teindre le castor d'un noir solide.

» L'abandon des chapeaux ras, pour les chapeaux velus, prit naissance à l'époque à laquelle la France, par le traité du 10 février 1763, céda le Canada aux Anglais; alors le castor devint plus rare pour nous, et par conséquent plus commun en Angleterre. Il faut ajouter à cela, qu'il s'établit beaucoup de fabriques dans presque toutes les parties de l'Amérique. On passe actuellement en Angleterre les peaux de castor en mégie que l'on vend aux Chinois et aux Japonais. Cette matière est presque aussi rare chez eux que chez nous; mais on y supplée par les poils d'ours marin et par ceux du raton du Mexique, etc.

» Après l'époque dont nous venons de parler, il nous a fallu trouver ou créer un autre genre de fabrication plus approprié à nos matières et à celles du sol européen; nous avons porté nos vues sur la fabrication flamande. Depuis un temps immémorial, les Flamands fabriquaient des chapeaux velus avec le pur poil de lièvre du nord; ces chapeaux étaient consommés en Allemagne et en Russie. Plusieurs ouvriers, qui avaient travaillé en Flandre, étaient parvenus à passer maîtres à Paris; quelques-uns avaient travaillé en Angleterre, et connaissaient la manière dont on y fabriquait les chapeaux mi-poils, oursons, et généralement tous les chapeaux velus, dont la matière n'était pas homogène, c'est-à-dire plaqués ou recouverts à leur surface. En conséquence, nous avons imité des Anglais ce genre de fabrication qui produit des chapeaux mixtes, c'est-à-dire ceux qui coiffent la basse et la moyenne classes. L'on fabrique ces chapeaux avec le moyen-poil de lapin, le poil de *sang* ou *galle*, le petit poil des joues ou des *basses-gorges*, et une demi-once de poil de chameau (chèvres d'Abyssinie). Cette composition ou mélange produit un fond commun, lequel, étant recouvert de trois quarts d'once de poil *veule* du dos de moyens lièvres, forme une qualité de chapeaux à un prix modéré.

» Ceux dont le fond est plus fin se composent avec le poil du dos de forts lapins clapiers et de garenne, de bon-roux (les poils des côtés du lièvre) et une demi-once de beau chameau. Tous ces poils mélangés rendent les fonds solides, et lorsqu'ils sont dorés ou recouverts à leur surface, au moment où il reste trois ou quatre pouces à rentrer, ils produisent des chapeaux qui font un très-bon usage; il faut avoir soin de les recouvrir d'une once de poil *veule* du dos de bon lièvre d'hiver.

» On peut en fabriquer encore de plus beaux, en faisant un fond plus fin, en choisissant de plus belles matières, et en augmentant la quantité de dorure (qu'on nomme *plume*, en termes de l'art), poil *veule* du dos de bons lièvres de Bretagne. On augmente encore la qualité du chapeau, en combinant le lièvre et le castor par égales parties. Toute cette fabrication est faite par les Anglais, excepté que le fond de leur qualité commune, au lieu d'être composé comme le nôtre, est fait avec la laine d'agneau d'Irlande et d'Écosse, qui est très-propre à produire des feutres dont les pores sont très-serrés et ne sont point susceptibles de se dépouiller de la dorure avec laquelle on les recouvre, c'est-à-dire qu'ils sont plus solides que les nôtres. Je prie d'observer que ce système de fabrication nous consomme tout notre moyen et bas poil de lièvre, et un tiers environ de notre récolte en lapin; le reste est tiré par les étrangers, par contrebande.

» Si nous avions l'esprit national de nos voisins les Anglais, nous ne fabriquerions pas d'autres chapeaux que ceux dont j'ai parlé plus haut, je veux dire des mi-poils et des oursons, et nous n'en serions pas plus mal coiffés. Par ce moyen, nous consommerions l'excès de nos matières premières en lapin; avec la récolte de notre poil de lièvre, nous pourrions nous passer de celui des Russes et des Allemands, ainsi que de toutes les matières étrangères que nous employons, et nous conserverions nos capitaux. En agissant ainsi, nous agirions tellement dans notre intérêt, qu'aucun fabricant étranger ne serait plus dans le cas de soutenir la concurrence dans les marchés d'outremer, parce qu'il n'y a que la France qui récolte cette matière si précieuse pour la chapellerie mixte.

» Dans une des séances de la Société d'Encouragement, je proposai de décerner un prix de 2,000 francs à celui qui trouverait le moyen de fabriquer en pur poil de lapin des chapeaux à peu près aussi bons que ceux en poil de lièvre, et à celui qui trouverait le moyen de les teindre d'un beau noir et sans altération. On voit, par tout ce que j'ai cité plus haut, que le prix proposé par moi était un des plus philantropiques qui aient été proposés à la Société d'Encouragement. Ma proposition fut renvoyée à une commission de trois membres, qui jugèrent, dans leur imprévoyance, qu'il n'y avait pas lieu à s'en occuper, attendu, prétendaient-ils, qu'il serait impossible de juger si les chapeaux fabriqués en pur poil de lapin vaudraient ceux fabriqués en pur poil de lièvre. Étrange défaite ! Je pris alors la parole, et, après quelques observations, le prix fut adopté à l'unanimité, moins une voix, et renvoyé devant la même commission, pour en rédiger le programme. Je cessai alors de me rendre aux séances de la Société d'Encouragement, et ce prix, si français, fut de nouveau écarté par des hommes qui ne l'étaient pas ; puisqu'il est vrai de dire qu'en refusant le sujet de ce prix ils servaient l'intérêt étranger plutôt que le nôtre. Si l'on eût laissé subsister ce prix, le problème serait peut-être aujourd'hui résolu, et dès lors aucun fabricant étranger ne pourrait plus soutenir la concurrence avec nous. Mais, dans ce cas même il faudrait maintenir une stricte prohibition. Il est bien vrai que l'exportation du poil de lapin est prohibée en France; mais, malgré cette prohibition, il est encore des hommes qui, ne connaissant d'autre patrie que leurs propres intérêts, trouvent les moyens d'en faire sortir par contrebande. L'excès de notre récolte, alimentant ainsi les fabriques étrangères, nous empêche de soutenir la concurrence avec elles.

» Il faut ajouter à tous ces inconvéniens la faute majeure qu'a commise l'administration de la guerre, en adoptant, pour la coiffure militaire, des schakos en carton recouverts d'un tissu de coton, qui se décolore en très-peu de temps, et ne présente qu'une faible résistance. Cette innovation, indépendamment des mauvais effets qu'elle produit pour l'usage et l'économie, nuit considérablement à la consommation de nos matières. Nous avons la manie d'imiter les Anglais en tout ; mais, dans cette circonstance, nous ne l'avons pas fait, et cependant nous aurions dû le faire. Pour leur coiffure militaire ils ont adopté un schako dont le fond est un feutre de laine rendu imperméable par une dissolution résineuse, et recouvert d'un tissu de laine qui conserve sa couleur. Cette fabrication est préférable à la nôtre, et, par ce moyen, le chapelier et le tisserand se trouvent occupés.

» Comme j'ai toujours fait des observations, je vais citer quelques époques où nos matières premières avaient une plus grande consommation. A l'époque de la révolution, presque tous les Français tant militaires que civils étaient coiffés d'un chapeau à cornes. Ce genre de fabrication nous donnait l'avantage de consommer du poil de lapin en plus grande quantité. Sous l'empire, lors de nos grands exploits guerriers, la France, qui dominait pour ainsi dire toute l'Europe, avait une influence telle, que notre commerce, surtout celui de la chapellerie, était devenu tellement étendu, que nos fabriques pouvaient à peine suffire à toutes les demandes, surtout pour les chapeaux à cornes de la plus grande dimension ; car, à cette époque, toute ou presque toute l'Europe se coiffait comme les militaires. Cet excès de consommation facilitait tellement l'emploi de notre poil de lapin, qu'alors le prix s'en éleva jusqu'à 13 et 14 francs la livre, c'est-à-dire cinq francs au-dessus du prix moyen. Mais, par le traité de Paris, qui nous a réduit au tiers du pays que nous possédions avant la campagne de Moscou, nous avons été réduits au tiers de notre fabrication, et à peu près à notre seule consommation; puisqu'il est vrai de dire que les habitans des deux tiers du pays cédé sont devenus les ennemis de notre industrie. Ils ont frappé nos produits d'un impôt tellement exorbitant, qu'il équivaut à une prohibition. Non contens de ce système rigoureux, et ne pouvant avoir à volonté nos matières premières, dont ils ne peuvent se passer, ils emploient le moyen de la contrebande pour s'en procurer. Il y a en France des compagnies de contrebandiers organisées, qui, pour une légère prime de quatre pour cent, font parvenir toutes les marchandises jusqu'à la porte de tous ceux qui en ont fait la demande. Il serait à désirer que la prohibition fût plus strictement exécutée.

» D'un autre côté, on devrait tâcher de faire revivre la mode des chapeaux français. Ces chapeaux, ce me semble, seraient plus convenables que ceux que les chapeliers anglais ont inventés pour coiffer leurs domestiques, du moins leurs jockeis, puisqu'il est vrai que ces chapeaux conservent encore le nom de chapeaux jockeis. Ce moyen me paraît le plus efficace et peut-être le seul à employer pour relever la chapellerie française tombée en décadence depuis 1816 ou 1817.

» Deux causes ont surtout beaucoup contribué à cette décadence; la première, c'est qu'à l'époque de la Restauration, certains commissionnaires voulurent ouvrir le commerce avec les colonies. Pour cet effet, ils firent des demandes aux fabricans de chapeaux, mais à des prix tellement inférieurs, qu'ils ne purent en obtenir que de très-mauvaise qualité, qu'ils expédièrent pour très-bons, et qu'ils vendirent fort cher. Après un espace de deux ans, nous perdîmes entièrement la confiance de ces peuples, qui abandonnèrent nos produits, pour s'en tenir à ceux des Anglais.

» La seconde cause, qui n'a pas moins contribué que la première à détruire cette branche d'industrie si importante pour notre pays, provient des chapeaux qui ne sont pas en feutre, tels que les chapeaux de paille, d'osier, de jonc natté, de baleine, de crins, de carton recouvert de soie, ou de tout autre tissu, tel que celui de coton monté sur fil de fer. Tous ces différens chapeaux reparaissant sur l'horizon comme une chose nouvelle, quoiqu'ils datent d'un temps immémorial, ils n'en ont pas moins contribué à réduire cet art dans une espèce de stagnation absolue.

» Ce qui nous a fait le plus de tort, pour l'emploi de notre poil de lapin, et ce qui en a le plus diminué la consommation, c'est lorsque nous avons tout-à-fait cessé de porter des chapeaux à cornes, et que nous avons imité la fabrication flamande, en faisant des chapeaux velus en pur poil de lièvres étrangers. Il a fallu de grands capitaux, pour l'acquisition de ces matières exotiques, tandis que les nôtres nous restaient en magasin. Cette situation a duré jusqu'à ce jour et durera long-temps encore, si la haute administration n'y remédie pas. Plus nous nous sommes étendus dans ce système de fabrication, plus nous avons nui à la consommation de notre poil de lapin. Enfin, ce système de chapeaux, façon flamande, a tellement prévalu, que les Italiens et les Allemands l'ont adopté.

» Les peaux de lièvre de Russie, qui se vendaient, il y a 30 ans, 180, 190 ou 200 francs le plus, ont monté au commencement de cette année jusqu'à 360 francs. Le poil qui valait 18 francs la livre, s'est vendu jusqu'à 40 francs, et à cette époque, notre poil de lapin valait de 5 fr. 50 cent. à 6 fr., c'est-à-dire 2 fr. 50 cent. au-dessous de son prix moyen. Ces diverses augmentations successives depuis 1814 et 1815, et le fort droit dont les Allemands et les Italiens ont frappé nos produits de chapellerie, nous ont à peu près réduits à notre seule consommation. Je conviens que ces peuples peuvent se passer de nos produits, excepté pour les chapeaux légers; car le besoin leur a donné de l'industrie, et ils fabriquent aujourd'hui aussi bien que nous les chapeaux façon flamande. C'est donc cette grande consommation, et l'envie qu'ont eue nos voisins de produire ces chapeaux, qui ont fait monter le poil de lièvre à un prix si élevé. Enfin, il est temps de s'arrêter; imitons les Anglais dans leur esprit national; ne portons pas des chapeaux autres que ceux produits par le poil des animaux qui paissent et se nourrissent des substances de notre sol. Nous pouvons avec nos seuls produits avoir des chapeaux aussi beaux et aussi bons que tous ceux que peuvent produire nos voisins.

Opérations diverses nécessaires à la fabrication du chapeau.

» 1°. On ébarbe le lièvre, et on arrache le lapin, comme on le faisait il y a environ 35 ans.

» 2°. On secrète les poils comme on les secrétait à cette époque. Cependant je viens tout récemment d'y faire une addition de la décoction de plantes mucilagineuses et astringentes. Cette décoction a l'avantage de donner aux poils de la douceur et du brillant, une action feutrante et rentrante plus énergique, et de les disposer à s'imprégner plus parfaitement de leur couleur. On a substitué la coupe flamande à la coupe française. Pour cet effet, on dégale les peaux avant de les ébarber, en les grattant avec un carrelet, et en les baguettant jusqu'à ce que le duvet et le jarre soient extrêmement libres, ce qui donne plus de facilité à ébarber, à secréter et à couper, attendu que les poils sont dégagés de toutes les ordures ou corps étrangers qui produisent des chapeaux rebuts. Ce nouveau système de coupe consiste à relever le poil avec une plaque de fer-blanc, que l'on tient à la main gauche, à mesure que le couteau que l'on tient à la main droite les coupe le plus près possible de la racine, en traversant la peau dans toute sa largeur, par un mouvement bien réglé. Par le système ordinaire, on coupe sans plaque, et on se sert de ses doigts pour relever les poils à mesure qu'on les coupe; de cette manière, ils sont souvent coupés en deux ou trois parties, ce qui occasione un déchet considérable.

» 3°. Les poils de castor et les poils de lapin ne sont nullement propres à la fabrication des chapeaux velus foulés à la brosse. Les premiers ne sont ni assez nerveux ni assez élastiques, et les seconds ne sont pas assez forts pour résister à la pression de la brosse. Ces poils mélangés ou séparés, au lieu de produire un bon feutre, se détruiraient sous la main de l'ouvrier, à moins que, par quelques préparations préliminaires, on ne parvînt à leur donner de la force et de l'élasticité. Je pense que la chose ne serait pas impossible. J'ai fait quelques expériences, que j'ai abandonnées momentanément, qui m'avaient déjà donné des résultats assez heureux. Je me propose de les recommencer très-incessamment.

» 4°. L'opération du cardage est presque supprimée. Elle n'a plus lieu que lorsqu'il se trouve un paquet de mélange, pour des chapeaux communs ou fond de poils et oursons. Les poils propres à la fabrication des chapeaux, façon flamande, sont seulement passés au violon, afin de les mélanger de manière à ce que la qualité soit bien égale.

» 5°. A l'opération de l'arçon, on ne fait plus quatre pièces pour les chapeaux jockeis. Il est même plus commode de n'en faire que deux, c'est une imitation flamande. Mais lorsqu'on fabrique des chapeaux à cornes, il est plus commode, il est même nécessaire de faire quatre pièces, à cause de la grande quantité de matière et de la petitesse de la table de l'arçon.

» 6°. L'opération du bassin se fait comme anciennement. J'ai cependant vu dernièrement deux bâtissages faits à la mécanique, que l'on apportait des États-Unis; mais, ne connaissant pas la machine qu'on emploie, je ne puis pas me faire une idée de ce travail.

» Il n'en est pas de même de l'opération de la foule. Anciennement on étoupait, on garantissait les places inégales, mais aujourd'hui cette chose n'a plus lieu; un ouvrier qui agirait ainsi prouverait qu'il ne sait pas travailler, et se ferait tourner en ridicule par ses camarades. Il en est de même du roulet dont on ne se sert plus à présent que pour presser le feutre, afin d'en extraire l'eau.

» Les chapeaux que nous nommons *velus* (façon flamande) ne se foulent presque plus au roulement clos. On emploie seulement la pression de la brosse, surtout lorsque les poils sont arrachés; le chapeau en est plus beau, plus solide et plus soyeux. Anciennement lorsqu'on faisait des poils et des oursons, on foulait à chaud dans un chapeau commun; mais à présent on se sert de *bache*, espèce d'emballage dans lequel vient le coton du Levant.

» Lorsque l'ouvrier dresse son chapeau, et qu'il est sec, il se munit de la pierre-ponce; il la passe sur son chapeau jusqu'à ce que tout le velu soit coupé, et que le feutre soit bien uni; ensuite il s'empare de la *robe* (morceau de peau de chien de mer) et la passe légèrement sur le chapeau. Cette opération sert à produire un velu fin convenable au chapeau ras ; mais aujourd'hui on a substitué à la pierre-ponce et à la robe le carrelet qui sert à développer le duvet qui convient aux chapeaux velus qui sont actuellement de mode; ce velu s'est déjà développé en foulant, par la pression de la brosse.

» 8°. On ne porte presque plus de chapeaux de couleur, depuis que les chapeaux de tissu de soie, de coton, de jonc natté, de paille tressée, de baleine, d'osier, ont reparu sur l'horizon comme une mode nouvelle, quoiqu'elle date de très-long-temps. Tous ces produits de circonstance, qui ont paru à diverses époques, ont toujours nui, momentanément à la vérité, aux chapeaux de feutre. Quoi qu'il en soit, le feutre sera toujours l'étoffe qui convient le mieux à la coiffure de l'homme, comme le drap convient à son habit, le tricot à ses jambes, et le cuir à ses pieds. De même qu'il serait ridicule de se servir du cuir, du drap, du tricot, pour couvrir la tête, il serait aussi ridicule d'employer le feutre pour couvrir le corps, les cuisses, les jambes et les pieds de l'homme.

» 9°. Si les opérations précédentes ont fait peu de progrès, la teinture en a encore moins fait. Cette opération est cependant la plus essentielle, puisqu'il est vrai de dire que tous les chapeaux qui sont corrodés, et ceux dont le noir n'est pas solide, c'est-à-dire ceux qui rougissent en magasin, sont des pertes qui ruinent le fabricant, attendu qu'elles sont irréparables. Pour que cette opération soit bien faite, il faut qu'elle soit dirigée par un homme qui ait les talens pratiques de la teinture, et qu'il joigne à cela les connaissances chimiques nécessaires à cet art, qui consiste à produire un beau noir sans détruire le brillant et la douceur du poil, et sans altérer le feutre, qui doit toujours conserver son élasticité. On peut parer à tous ces inconvéniens en employant l'oxide de fer avec modération, une température bien réglée, et en faisant sécher les chapeaux au moyen d'une chaleur très-douce.

» 10°. L'opération de l'apprêt mérite beaucoup de soins, attendu qu'un chapeau mal apprêté est toujours un rebut. Il est donc nécessaire d'introduire l'apprêt bien également dans l'intérieur du feutre, soit en tête, soit en bord. La colle gélatine est préférable à la colle ordinaire, attendu qn'elle a un principe plus élastique; qu'elle est plus forte, moins insoluble et moins hygrométrique. Autrefois on se servait d'un bassin à vapeurs pour faire rentrer l'apprêt et pour éviter le relavage ; mais aujourd'hui il est presque entièrement supprimé. Cependant si la mode des chapeaux à cornes revenait, il serait encore utile de s'en servir.

» 11°. L'opération du relavage ne date que depuis la suppression des chapeaux ras que l'on apprêtait au moyen d'une simple dissolution de gomme. Mais, pour la fabrication des chapeaux, façon flamande, le feutre étant plus poreux, il a fallu un apprêt plus nerveux; pour cet effet, on a combiné l'eau collée et l'eau gommée. Lorsque le chapeau est apprêté, il reste à la surface un excès d'apprêt qui forme une espèce de croûte. Pour la détruire, on fait d'abord chauffer de l'eau à l'ébullition, dans laquelle on fait dissoudre du savon noir; on y plonge les bords du chapeau jusqu'au milieu de la tête environ, et on l'y laisse jusqu'à ce que tout cet excès d'apprêt soit dissous. Alors on le retire et on le secoue jusqu'à ce qu'il n'ait plus d'eau. On le brosse à moitié sec, et on le tire au carrelet, pour en développer le velu.

» 12°. Le dressage (l'action de mettre le chapeau sur la forme) est une opération pénible et difficile en même temps, attendu que les formes sont brisées en cinq ou sept morceaux, pour pouvoir les introduire dans l'intérieur du chapeau pièce par pièce. Elles doivent avoir deux pouces et demi et plus dans le haut que le diamètre de l'entrée de la tête, ce qui forme le cône renversé. Mais lorsque la forme est cylindrique ou conique, le dressage se fait avec beaucoup plus de facilité. Le chapeau une fois dressé, on le regarnit, c'est-à-dire on le réapprête en tête.

» 13°. Le passage du dressage ne sert qu'à affaisser le duvet et à faire relever les jarres, afin que l'éjarreuse puisse plus facilement les saisir avec ses pinces et les extraire, sans les casser, du moins autant que possible. Pour que cette opération se fît avec facilité, il faudrait ne réapprêter la tête qu'après l'éjarrage. Le réapprêtage de tête consolide les jarres, et on les casse en voulant les extraire. Lorsque les chapeaux sont restés quelque temps en magasin, les jarres repoussent à la surface, et détruisent la douceur du chapeau. Avant la fabrication des chapeaux velus, poils, oursons et façon flamande, on se servait rarement de pinces, mais bien de la pierre-ponce et du rasoir.

» 14°. Le cartonnage consiste à coller au fond du chapeau un fort papier et un plus léger en flanc de forme. Cette opération est nécessaire, surtout lorsque les formes sont d'un grand diamètre; sans cette précaution, le chapeau serait susceptible de se déformer, et n'aurait plus ni grâce ni tournure.

» 15°. *Passage de second.* — Cette opération consiste à faire dilater le feutre à la fraîcheur de la cave, et à le remettre ensuite sur sa forme assez adroitement, sans déchirer le papier, ce qui n'est pas toujours facile, attendu que le cartonnage fait retirer plus ou moins le feutre. On doit employer deux chaleurs de fer pour la tête et une au moins pour le bord, en ayant soin de mouiller souvent le chapeau, avec la brosse *lustre*. Sans cette précaution, le feutre serait creux et terne, tandis qu'au contraire il faut qu'il soit serré et éclatant en même temps. Je dois faire observer qu'après cette opération les jarres cassés à l'éjarrage reparaissent, il faut les renvoyer éjarrer une seconde fois.

» 16°. *Garniture et mise en tournure.* — Cette opération, qui n'est pas la douzième partie de l'art, est une de celles qui ont le plus subi d'améliorations. Ces améliorations ont pris leur origine en Angleterre. Anciennement, pour coudre le cuir, on traversait le feutre. Pour peu que le chapeau eût été atteint en teinture et que le poil fût dru ou non, il périssait toujours par cette couture, attendu que le point coupait le feutre de deux tiers de sa circonférence. Mais à présent on fait un petit bâti sur lequel on coud le cuir. Les Anglais ont inventé un couteau qui coupe le cuir et trace les points de l'aiguille. Cette méthode nous est bien connue, mais nous ne nous en servons presque pas. Enfin un chapeau bien garni et bien tourné flatte toujours le consommateur. »

DESCRIPTION

Des procédés à suivre pour la teinture des chapeaux, et observations sur les perfectionnemens obtenus dans l'art de la chapellerie.

« L'art de la teinture tel qu'il est généralement pratiqué dans les meilleurs ateliers, pour les étoffes de laine, et tel qu'il est décrit par les meilleurs auteurs, n'a pu donner aux feutres un noir intense, éclatant et solide. Les ouvriers qui se livrent à ce travail et qui ont le mieux réussi ont toujours tenu leurs procédés secrets, de manière que jusqu'ici on n'avait pas pu porter dans cette branche d'industrie les perfectionnemens dont elle est susceptible. Les savans qui se sont occupés avec fruit de l'art de la teinture, n'ont pas pensé que les poils des animaux qui servent à la chapellerie, nécessitent des procédés particuliers, soit parce que ces poils acquièrent dans les préparations qu'ils subissent avant et pendant le feutrage des qualités qui les rendent rebelles aux opérations ordinaires de la teinture, soit que le feutrage lui-même soit un obstacle à la beauté, à l'intensité et à la solidité du noir dont on veut les imprégner. Il serait très-urgent que quelque habile chimiste voulût bien s'occuper de cette partie importante d'un art qui a tant fait de progrès et qui réclame leurs lumières. Les découvertes qu'ils feraient sans doute ne seraient pas indignes de leurs soins.

» Je me suis beaucoup occupé de cette partie, comme de toutes les autres branches de la chapellerie dans laquelle j'ai obtenu quelques succès ; mais je dois avouer que je ne suis pas assez habile en chimie pour espérer de réussir parfaitement ; cependant je vais consigner ici mes observations, elles peuvent mettre sur la voie des hommes plus savans que moi.

» L'expérience m'a prouvé que pour obtenir un noir intense et solide, il est nécessaire de composer un bain riche en couleur, et de ne jamais se servir, comme le pratiquent presque tous les teinturiers, du vieux bain épuisé, pour l'engalage des feutres. Ce procédé est on ne peut pas plus vicieux et s'oppose à ce que la couleur neuve puisse se fixer sur les poils qui se trouvent déjà imprégnés de la boue qui nage dans l'eau du vieux bain et empêche la couleur de les atteindre. Le bain neuf et limpide rend le duvet brillant, tandis que le vieux bain est toujours boueux et le rend terne.

» On doit se servir du verdet en poudre, de M. *Mollerat*, qui est beaucoup plus pur que celui qui vient en pains de Montpellier, et de la couperose calcinée dont le fer est oxidé au *maximum* (1). Ce sont les agens qui m'ont paru les plus convenables pour faire tirer aux chapeaux la couleur. Je veux dire que par ce procédé on brunit beaucoup plus vite et que le noir est bien plus beau, attendu que les atomes colorans sont bien plus tôt précipités et la couleur est beaucoup plus solide, pourvu que la température soit bien réglée et à la hauteur convenable pour que le feutre ne soit pas altéré. J'entends dire par-là que la température la plus haute est celle qui fixe le mieux la couleur, d'après l'ancien proverbe des teinturiers, *qui bout bien, teint bien.*

» Après chaque opération il est indispensable de bien dégorger les chapeaux dans un bain d'eau à l'ébullition et ensuite les bien égoutter à la *pièce* (2) afin de chasser tous les corps étrangers. Par ce moyen on rend les pores du feutre libres et l'on donne au bain la facilité de pénétrer. Lorsque le bain est préparé, si les objets à teindre sont d'une seule qualité, il

---

(1) C'est le *colcotar* des anciens, *tritoxide de fer rouge* des modernes.

(2) La *pièce* est un outil en cuivre dont le chapelier se sert pour faire sortir le liquide et les saletés que contient le feutre.

faut avoir soin, dans les divers *feux* ou *plongées* (1) qu'ils subissent, de les faire aller au fond de la chaudière alternativement : sans cette précaution on manquerait le but qu'on se propose.

» Lorsqu'on a plusieurs qualités de chapeaux à teindre dans le même bain, on doit placer les plus fins au fond de la chaudière et les moins fins au-dessus; attendu que les atomes colorans se précipitent toujours, et que les matières les plus fines en absorbent une plus grande quantité. Les chapeaux fins, façon flamande, pur poil de dos de lièvre d'hiver, peuvent recevoir sans danger huit ou neuf plongées; ceux qu'on nomme mi-poil, ourson, et doré peuvent en recevoir autant, mais à une température beaucoup plus basse et l'on doit employer moins de sulfate de fer (couperose).

» Aussitôt que la bruniture est terminée on doit débarrasser le feutre de toute la crasse qu'il peut contenir et qui est produite par les résidus des ingrédiens employés pour la composition du bain. Pour cela, aussitôt que les feutres sortent de la chaudière, on les

---

(1) On appelle *plongée* ou *chaude*, en chapellerie, ce que les teinturiers ordinaires appellent *feu*. La durée de chaque *plongée* ou *feu* est d'une heure et demie à deux heures.

porte à la rivière où on les *sansouille* (1) et on les tord jusqu'à ce que l'eau en sorte claire. Cette opération a le triple avantage de laver le velu, de dégorger le feutre et de fixer la couleur en même temps. Il faut ensuite plonger les chapeaux dans l'eau bouillante, les remettre sur forme, et avoir soin de les bien laver en les frottant à la brosse demi-lustre jusqu'à ce que le velu soit clair et brillant. On les égoutte autant qu'il est possible, ensuite on les fait sécher dans une étuve, modérément chauffée par un poêle, afin d'éviter le bronze produit par l'oxigène qui se combine, à la surface, à une haute température.

» Lorsque les chapeaux sont secs, il faut les baguetter avec le plus grand soin jusqu'à ce qu'il n'en sorte plus de poussière, ensuite on les lustre avec l'eau de rivière, on les fait sécher et on les baguette fortement de nouveau. On ne saurait prendre trop de précautions pour les rendre très-propres.

» Je dois faire observer que ce n'est pas tant la bonté du feutre qui fait vendre les chapeaux, que la finesse de la matière dont il est formé et la beauté de son noir; car le consommateur,

---

(1) C'est un mot technique qui signifie qu'on les promène rapidement dans l'eau par un mouvement de va-et-vient, pour les faire dégorger.

n'ayant pas les connaissances nécessaires pour apprécier la bonté d'un feutre, ne s'attache qu'à ce qui flatte et son tact et ses yeux. Il importe donc de lui dévoiler les moyens que le fabricant emploie pour obtenir ce beau noir qui le flatte et le séduit. Le fabricant n'ignore pas que le velu prend un plus beau noir que le feutre, et que plus le velu est long, plus il y en a de couches appliquées l'une sur l'autre, lorsqu'il est brossé, plus le noir est brillant et intense. Le fabricant, pour obtenir cet effet, travaille son feutre de manière à ce que le poil qui constitue son chapeau soit beaucoup plus en velu qu'en feutre; et, lorsque le chapeau est terminé il est vrai qu'il est d'un noir très-brillant, mais c'est aux dépens de la qualité du feutre qui est trop poreux, et manque de solidité. L'apprêt y entre en trop grande quantité, il y prend peu de consistance, et aussitôt que la moindre goutte d'eau attaque le corps collant, celui-ci remonte à la surface dont il est tout près et rend le chapeau malpropre et galeux. On voit clairement que ce qu'on a gagné en beauté, on l'a perdu en qualité. Les chapeaux dont les poils sont moitié en feutre et moitié en velu, présentent beaucoup plus de solidité que ceux dont les poils sont longs et qui ne se trouvent engagés dans le feutre que du tiers ou du quart de leur longueur. Un bon fabricant doit, autant qu'il le peut, joindre l'utile à l'agréable, et ne jamais sacrifier le premier au dernier.

» Nous ne pourrons soutenir la concurrence avec les fabriques étrangères qu'autant que nous réussirons généralement à faire un noir aussi beau, aussi solide, que celui qui sort de leurs mains. Nous sommes sur la voie; depuis deux ou trois ans la teinture a fait quelques progrès, et plusieurs fabriques fournissent des noirs assez beaux (1); aussi leurs produits sont très-recherchés, tant il est vrai que c'est l'intensité de la couleur plutôt que la bonté du feutre qui fait vendre les chapeaux. Il faut avoir la franchise d'avouer que les progrès qu'a faits la teinture sont dus en grande partie au nouveau moyen que les fabriques ont adopté de fouler à la brosse, opération qui développe et lave le duvet en même temps, et facilite le feutre à tirer sa couleur et à s'imprégner d'un noir brillant et solide. Cet excès de couleur tient à la grande division de la matière; car plus le duvet est fin et plus la quantité numérique des poils est grande, et par cette raison plus le noir est intense. Aussi les fabricans de chapeaux désignent-ils cette qualité comme la

---

(1) Je dois faire observer que ce noir est celui qu'on emploie en Autriche, et dont ils font un secret.

première, sous le nom de castor, quoiqu'elle n'en contienne pas un poil.

» Il est important de remarquer que les Anglais ne font de beau et bon noir que depuis qu'ils ont eu l'heureuse idée de substituer le citrate de fer au sulfate du même métal. Je pense que nous éprouverons de grandes difficultés avant que nous puissions nous procurer ce sel abondamment, et je crois que le tartrate, le gallate, et l'acétate de fer pourraient produire les mêmes effets. Je me propose de faire une suite d'expériences avec tous ces sels, et j'en publierai les résultats aussitôt que je les aurai terminées. J'ai l'intention aussi d'essayer tous les nitrates métalliques pour m'assurer s'il n'y en a pas quelqu'un qui possède les mêmes propriétés que le nitrate de mercure. J'ai ajouté à cette dernière substance l'arsenic, qui n'a presque pas d'action astringente, mais qui donne aux poils une grande disposition pour s'emparer des atomes colorans et les fixer. Les Allemands et les Italiens emploient ce métal dans l'opération de la teinture, et c'est vraisemblablement à cette addition qu'est due la grande beauté des noirs qu'ils produisent.

» Je vais indiquer les procédés tels qu'on me les a communiqués, employés à Naples et à Trieste, pour teindre les chapeaux : je ne pourrais pas préciser les doses, parce que je ne les connais pas exactement. Je vais faire des expériences pour les découvrir, je les donnerai plus tard.

Procédés des Napolitains pour teindre les chapeaux en deux plongées.

» Les Napolitains teignent en deux *plongées* seulement, de trois heures chacune et une demi-heure d'évent (1). Ce qui facilite beaucoup cette opération et la rend plus courte, c'est qu'ils ne teignent jamais les chapeaux en formes; ils ne se servent que de *formillons* (2). En effet, la forme dont nous remplissons nos chapeaux empêche le bain de pénétrer avec facilité du dehors au dedans; la couleur ne peut se communiquer que par l'extérieur, il faut par conséquent beaucoup plus de temps et un plus grand nombre de plongées pour que le

(1) Jusque-là on avait pensé qu'il n'était possible d'obtenir une belle bruniture que par le concours de l'air. Par cette raison on donnait un évent d'une aussi longue durée que la *plongée*. Les Napolitains, entre leurs deux feux, ne donnent qu'une demi-heure d'évent, temps nécessaire pour préparer la seconde *plongée* ou *chaude*. Cette pratique semblerait prouver que l'évent est inutile : je m'en assurerai par l'expérience.

(2) On nomme *formillon* une rondelle de bois d'un pouce d'épaisseur qu'on engage dans le fond de la tête du chapeau, afin de la tenir étendue et l'empêcher de reprendre la forme conique.

bain communique du dehors au dedans en traversant toute l'épaisseur du feutre. A l'aide du *formillon* tout l'intérieur du chapeau est vide et le bain entre librement par les deux surfaces et pénètre plus facilement le feutre. Je regarde cette idée comme extrêmement heureuse.

» Le premier bain se compose d'une forte décoction de bois d'Inde dans laquelle on ajoute une dose convenable de verdet pour le faire virer au noir, et une certaine quantité d'indigo en liqueur (je pense que c'est de l'indigo dissous dans l'acide sulfurique, ou sulfate d'indigo : cette composition est connue). Aussitôt que ce bain est préparé on y plonge les chapeaux, on les y laisse trois heures et un quart à la température de l'ébullition. Pendant ce temps les chapeaux s'imprègnent d'un beau noir, mais qui n'a aucune solidité. Ils laissent éventer pendant une demi-heure, temps suffisant pour préparer le deuxième bain.

» Le deuxième bain se prépare comme le premier ; mais on y ajoute la couperose calcinée, c'est-à-dire le fer oxidé au *maximum*, le colcotar dont j'ai parlé (car jusqu'ici on n'a pas trouvé le moyen de produire du noir sans oxide de fer). On y plonge de suite les chapeaux pendant le même espace de temps qu'à la première chaude, mais à une température plus basse ; 75 à 78 degrés Réaumur. Ce second feu n'est destiné qu'à fixer la couleur.

» Trois heures un quart après qu'on a plongé les chapeaux, pour la seconde fois, on les retire, on les lave avec soin dans de l'eau de puits froide, on brosse le velu, on les tord jusqu'à ce que les pores du feutre soient entièrement débarrassés des parties crasseuses. On les plonge ensuite dans une chaudière pleine d'eau bouillante pour achever de les dégorger des parties sales qu'ils pourraient encore contenir, et les mettre sur forme. Ils font sécher leurs chapeaux dans une étuve dont la température est très-douce. Après le séchage ils les baguettent et les lustrent comme nous.

» Les Napolitains connaissent que leur teinture est bonne lorsqu'ils s'aperçoivent que leur bain est tout-à-fait épuisé.

» Je pense que cette manière de teindre est préférable à la nôtre, attendu que nos chapeaux restent à la température de 72 degrés, sous l'influence de l'oxide de fer pendant 14, 16, 18 et souvent 20 heures, ce qui altère et corrode les feutres; tandis que les leurs n'y restent que pendant trois heures et un quart; de sorte que les nôtres y restent au moins six fois plus de temps. C'est la raison pour laquelle leurs chapeaux sont plus moelleux et d'un noir plus intense que les nôtres.

Procédés que les Triestains emploient pour teindre les chapeaux en cinq ou six plongées, de deux heures chacune et autant d'évent.

» Pour teindre vingt chapeaux en cloche, avec *formillons*, les Triestains emploient :

8 livres de bon bois d'Inde.
7 onces de noix de galle noire.
8 onces de bois jaune.
2 livres de couperose verte.
7 onces de verdet gris.
8 onces de vitriol de Chypre calciné.
20 petites pierres de tournesol.
2 onces de belle gomme arabique pulvérisée.
16 $\frac{3}{4}$ onces de graines de lin.

Nota. Je donne ici la dénomination ancienne, afin qu'elle soit mieux entendue des ouvriers.

» Pour préparer le bain, il faut : 1°. faire tremper le bois d'Inde l'espace de quatre jours et le faire cuire ensuite pendant six heures.

» 2°. Faire macérer séparément la couperose, le verdet et le tournesol dans l'urine humaine pendant quatre jours, et les faire ensuite bouillir pendant quelques minutes.

» 3°. *Composition du bain*. On met dans la décoction du bois d'Inde la moitié du verdet, la gomme arabique, trois quarts d'once de graines de lin et dix-huit onces de couperose. On laisse bien dissoudre ces substances.

» *Première plongée*. On plonge les vingt chapeaux, on élève la température à 75 degrés. On les laisse pendant deux heures, on les relève et l'on donne deux heures d'évent.

» *Deuxième plongée.* On ajoute au bain la moitié du verdet non employé et deux onces de couperose. Deux heures de bain, deux heures d'évent.

» *Troisième plongée.* On ajoute au bain la moitié du verdet non employé et deux onces de couperose. Deux heures de bain et autant d'évent.

» *Quatrième plongée.* On ajoute au bain la moitié de la décoction de la noix de galle, la moitié du tournesol, toute la décoction du bois jaune et deux onces de couperose.

» *Cinquième plongée.* On ajoute six onces de cendres gravelées : cet alcali est en termes de l'art, pour *laver le cuivre*, c'est à-dire pour empêcher l'effet du bronze qui se forme ordinairement à la surface ; les huit onces de couperose qui restent, et le restant de la décoction de noix de galle. Il faut avoir soin pour éviter le bronze de bien tourner, avec un bâton, les chapeaux dans le bain.

» *Sixième opération.* Afin que le noir des chapeaux soit éclatant, on les plonge dans un bain d'eau bouillante dans laquelle on a jeté une livre de farine de graines de lin passée au tamis, en ayant soin de bien égoutter les chapeaux afin de les purger du principe oléagineux.

» *Observation.* Les effets que la haute température des étuves produit sur la couleur des chapeaux méritent d'être étudiés avec soin. Je pense qu'il serait extrêmement important, pour les progrès de notre industrie, de déterminer autant que possible l'action qu'exerce la chaleur des étuves sur la couleur noire des chapeaux; car il est certain que les feutres qu'on y fait sécher sont d'un noir plus intense et plus brillant que ceux qu'on laisse sécher à l'air libre. L'oxigène ne jouerait-il pas ici le principal rôle, et la température de l'étuve ne favoriserait-elle pas sa combinaison avec les substances qui forment la teinture? Je laisse à d'autres, plus savans que moi, le soin de résoudre ce problème important et de trouver la cause du fait que je signale. »

NOTICE

Sur les perfectionnemens les plus importans que l'art du chapelier a obtenus depuis un siècle environ.

« 1°. Ce fut à peu près en 1730 qu'un nommé *Mathieu* importa d'Angleterre en France l'art de secréter les poils propres à la chapellerie par le moyen du *nitrate de mercure*. Il garda ce procédé secret pendant quelque temps, il ne le communiquait qu'avec beaucoup de réserve, et ceux qui le connaissaient en déguisaient la composition sous le nom de *secret*, comme on était dans l'usage de le faire avant cette communication pour tous les procédés analogues. Le mot *secret* créa celui de *secrétage*, *secréter*, pour indiquer l'opération et l'action par laquelle on donnait aux poils la propriété de se feutrer. Cette dénomination a été depuis consacrée, comme mot technique, dans l'art du *chapelier*.

» Avant cette importation il n'était pas possible d'employer le poil de lièvre au feutrage. A cette époque une peau de lièvre valait 10 centimes et celle du lapin de garenne se payait jusqu'à un franc. On doit même avouer avec vérité qu'on ne fabrique de bons chapeaux que depuis que cette découverte précieuse a été généralement répandue. Il faut convenir cependant que jusqu'à ce qu'on fût parvenu à changer la composition du bain de la foule, cette dissolution mercurielle a été très-nuisible à la santé des ouvriers et à la fabrication des chapeaux.

» A cette époque on ne connaissait d'autre substance pour préparer le bain de la foule que l'huile de vitriol (*acide sulfurique*). Cette préparation employée sur les poils secrétés par le nitrate de mercure produisait plusieurs mauvais effets à la fois : 1°. le feutre était de médiocre qualité; 2°. les poils étaient en partie décomposés, leur surface paraissait recouverte d'un corps gras qui mettait obstacle à la fixation du la couleur; 3°. le nitrate de mercure se combinait dans le bain avec l'acide sulfurique, cet agent destructeur; il se formait là des décompositions et des recompositions; une partie du mercure s'échappait en vapeur, et était absorbée dans l'acte de la respiration par les ouvriers, qui en contractaient une maladie de tremblement qui les rendait incapables de travailler. Cette maladie n'était traitée qu'à la Charité de Paris, et elle a cessé dès l'instant qu'on a abandonné l'usage de l'acide sufurique dans le bain de la foule. Il est étonnant que plusieurs fabricans de chapeaux de Marseille n'aient pas encore abandonné cette funeste méthode; aussi leurs chapeaux sont-ils d'un noir inférieur à celui de toutes les autres fabriques de France.

» 2°. Environ vers l'an 1750, un philanthrope, dont le nom s'est perdu et que j'aurais bien désiré de pouvoir retrouver pour le signaler à la reconnaissance des siècles, un philanthrope, dis-je, eut l'heureuse idée de substituer, dans la préparation du bain de la foule, la lie de vin pressée, à l'acide sulfurique. Cette substitution est d'autant plus heureuse, qu'elle a produit trois bons effets à la fois : 1°. la lie, par son principe alcalin, désuinte les poils, et leur donne la facilité d'attirer et de retenir la couleur lorsqu'on les passe à la teinture; 2°. le tartre qu'elle contient, par son excès d'acide joint à la haute température du bain, fait crisper les poils et rentrer le feutre sur lui-même pour former un corps solide; 3°. la lie, en dispensant de l'emploi de l'acide sulfurique, préserve, comme je l'ai déjà dit, les ouvriers de la maladie du tremblement. L'inventeur de ce procédé, à qui on devrait dresser des autels, a sacrifié son intérêt à l'intérêt général, puisqu'il a substitué à une livre d'acide sulfurique, qui coûte 30 centimes, la lie pressée, qui coûte 3 fr., pour la foule du même nombre d'ouvriers.

» 3°. Le bain de la foule, préparé par la lie de vin pressée et sans autre addition, a le grave inconvénient de ne pouvoir se conserver sain que deux ou trois jours; après ce temps il prend la fermentation putride et devient d'une infection insupportable; cependant, jusqu'à ce qu'il fût entièrement épuisé on y faisait fouler les ouvriers, qui s'accoutumaient à cette odeur infecte. J'avais souvent tenté des moyens pour empêcher cette putréfaction : j'eus, en 1816, l'heureuse idée d'ajouter à la dissolution de la lie de vin, la décoction de quelques plantes astringentes. En employant l'écorce de chêne, je donne un noir plus intense. J'emploie depuis peu le gallon de Piémont. J'apprends qu'on se sert aussi avec avantage de la *cupule* du gland de Turquie : c'est la petite capsule par laquelle le gland est porté. Au Brésil on emploie le *cassia;* c'est une espèce de petit pois noir renfermé dans son écosse ; il est fourni par une plante légumineuse. Cet agent n'est pas très-astringent, mais il contient un principe mucilagineux qui donne aux teinturiers la facilité de porter leur bain à une plus haute température sans corroder leur feutre. Les Espagnols et les Italiens foulent par la dissolution du tartre brut, les Anglais par la crème de tartre, les Allemands et les Flamands par la dissolution de la lie de vin, les Suédois par la potasse et par la vapeur, aux États-Unis et en Russie par l'acide sulfurique. Le tannin des astringens produit sur les poils le même effet que le tartre gravelé, et leur acide gallique donne aux chapeaux un pied-de-noir; de sorte qu'ils sont foulés et engallés en même temps. Cette addition a la propriété d'être antiputride, et le bain de foule ne se putréfie jamais. Cette découverte a l'avantage d'avoir contribué à détruire la mauvaise prévention que l'on avait conçue contre les manufactures de chapeaux ; on les regardait comme très-malsaines, et chacun les repoussait de son voisinage. Aujourd'hui elles n'incommodent personne.

» 4°. En 1818, quelques expériences que

j'eus occasion de faire me mirent à même d'apprécier les bonnes qualités de la *colle-gélatine;* je la substituai avec avantage, dans la chapellerie, à la colle ordinaire. Je reconnus qu'elle est plus forte, plus élastique, moins soluble et beaucoup moins hygrométrique que la colle ordinaire. Cette colle s'introduit plus facilement dans les pores du feutre, et les chapeaux dans la préparation desquels elle entre, même portés à la pluie, restent toujours propres et noirs; tandis que ceux qui sont préparés avec d'autres colles qui sont très-solubles à l'eau, dès l'intant que le corps collant est attaqué par ce liquide, il monte à la surface, y forme une croûte qui détruit le velu au point que la brosse la plus rude, et par la plus forte pression, ne peut pas le détacher, et le chapeau ne peut plus être porté; il est tout galeux et hors de service. C'est une des plus belles et des plus importantes applications qui aient été faites à l'art du chapelier.

» Je ne terminerai pas cette notice sans dire quelques mots sur les talens qui sont en général indispensables à un fabricant de chapeaux. Il est important de sortir de la marche routinière pour mettre la chapellerie au niveau des autres arts, qui ont fait et font tous les jours des progrès étonnans. Le fabricant doit avoir indispensablement quelques notions de chimie, afin de pouvoir discerner si les matières qu'il emploie ont les qualités convenables. Il doit pouvoir juger d'avance du résultat de ses opétions.

» Par exemple, dans l'opération du sécrétage, on doit avoir un nitrate de mercure parfaitement pur. Il faut donc employer les deux substances qui doivent le former, l'*acide nitrique* et le *mercure*, dans l'état de la plus grande pureté; et si l'un des deux contient des corps étrangers, le nitrate de mercure qui en résultera produira de mauvais effets, en décomposant et même en détruisant le poil. Il faut donc savoir les connaître, et même il serait très-utile de savoir les purifier.

» On reconnaît que l'acide nitrique contient de l'acide sulfurique, en versant dans le flacon qui le contient un peu de muriate de baryte. Ce réactif donne naissance à un nuage qui décèle la présence du soufre dans l'acide nitrique; le soufre se précipite. Lorsque l'acide est pur, il faut s'assurer s'il est concentré au point convenable. On le connaît par le moyen de l'aréomètre pèse-sel : il doit marquer 34 degrés à l'aréomètre de Baumé.

» Le mercure se trouve souvent dans le commerce allié avec de l'étain ou du plomb. Pour connaître s'il est neuf et pur, on en verse un peu dans une assiette plate; si, en le divisant, il ne se réunit pas promptement, c'est une preuve qu'il contient de l'étain ou du plomb : il faut le purifier par la distillation opérée dans une cornue de fonte dont le bec est garni d'un petit sac de toile mouillée qui va plonger dans l'eau. Je crois que, lorsque le mercure est ainsi allié, c'est qu'il a servi aux étameurs de glaces, qui l'échangent contre du mercure neuf en payant la différence. Pour avoir des substances pures, il faut s'adresser à de bons fabricans de produits chimiques, M. Chevallier, ou M. Robiquet, dont j'ai déjà donné les adresses; ils sont incapables de tromper.

» Pour faire un nitrate de mercure qui ne rende pas les poils poisseux, et qui ne les altère pas, il faut employer de l'acide pur à 34 degrés, et le mercure neuf; mettre 25 parties de métal dans 100 parties d'acide, et ajouter de l'eau à la dissolution, jusqu'à ce qu'elle ne pèse que 9 à 10 degrés à l'aréomètre.

» Les mêmes difficultés se présentent pour la teinture. Il serait très-important de pouvoir juger par soi-même si les deux sels qu'on y emploie ont les qualités convenables pour réussir parfaitement dans cette opération. Dans ce cas il faudrait une plus grande masse de talens chimiques que pour connaître les qualités de l'acide nitrique et du mercure. Il faudrait savoir faire des analyses, et ces opérations sont trop délicates et trop compliquées pour qu'un fabricant de chapeaux pût s'en occuper. Le plus sûr est de s'adresser à des frabricans de produits chimiques dont la réputation est faite; par exemple, à M. Robiquet, rue des Fossés-Saint-Germain-l'Auxerrois, n°. 5, ou à M. A. Chevallier, pharmacien, place du Pont-Saint-Michel, n°. 43. Ces deux savans ont de vastes connaissances en chimie et sont toujours disposés à aider de leurs conseils les artistes qui leur accordent leur confiance. On pourra sans hésiter faire emplette de la couperose et du verdet dont ils auront approuvé la fabrication.

» Le fabricant ne doit pas ignorer qu'on trouve dans le commerce trois espèces de couperose verte. L'une est avec excès d'acide; l'autre est à l'état neutre, c'est-à-dire que le fer et l'acide y sont combinés dans un état d'équilibre parfait; enfin la troisième est avec excès de fer. J'ai essayé ces divers sels, et je me suis convaincu que celui qui est à l'état neutre est plus convenable; les autres détruisent plus ou moins le feutre à proportion de la haute ou de la basse température du bain. Celui qu'on prépare avec ces sels n'est pas très-riche en couleur; la lumière enlève en très-peu de temps les parties colorantes, l'oxide de fer reste à nu et le chapeau rougit de suite. J'attribue cet effet à l'acide sulfurique, qui est un agent destructeur, et qu'on ne doit employer, avec quelque substance qu'il soit combiné, qu'avec la plus grande précaution.

» Le *colcotar* ne produit pas des effets aussi désastreux, et j'ai obtenu une plus belle couleur et plus solide avec cette substance qu'avec la couperose verte. Le *colcotar* n'est autre chose que le sulfate de fer (couperose verte) dépouillé, par la calcination, d'une grande partie de l'acide sulfurique, et je pense que c'est par cette raison qu'il ne brûle pas les feutres et donne un plus beau noir.

» L'acétate de cuivre ne présente pas d'aussi graves inconvéniens; les corps étrangers qu'il contient, tels que le plâtre et la chaux, n'y sont jamais qu'en petite quantité, et ces deux substances ne peuvent produire sur les poils qu'une faible altération. Lorsqu'on n'emploie pas ce sel avec assez de modération, on n'en éprouve d'autre inconvenient que d'obtenir un noir trop *bleuté*, car l'acide et le métal qui le composent sont aussi innocens l'un que l'autre. Il n'en est pas de même du sulfate de fer ou couperose verte.

» J'ai dit, dans mes précédens mémoires, que de tous les essais que j'ai faits pour parvenir à dégraisser ou désuinter le poil d'ours marin, celui qui m'a le mieux réussi est le sous-carbonate de soude; mais j'ai fait observer que ce sel décompose le feutre en altérant les poils. M. Gosse vient de me communiquer un procédé qu'il met en usage, et qui lui réussit parfaitement; je m'empresse de le consigner ici. Son moyen est plus simple, moins dispendieux et plus convenable que le mien sous tous les rapports. Il se sert d'une terre argileuse que les potiers emploient à Paris, et qu'ils prennent dans les environs; elle est grise et presque de couleur d'ardoise. C'est la *terre à foulon* (*argile smectique* de Haüy). Depuis qu'il a eu l'idée de se servir de cette terre, il réussit parfaitement à débarrasser entièrement de son suint le duvet des peaux d'ours marin qu'il passe en mégie. Je les ai examinées, et le duvet ne m'a pas paru contenir un atome de suint. Je pense que ce procédé peut être très-avantageux pour la chapellerie. Je l'essaierai sous peu, et je rendrai compte de mes expériences.

Observations générales.

» 1°. *Sur le nitrate de mercure*. On m'a objecté qu'en disant que cette composition a été apportée en France par un nommé *Mathieu*, je donnais à entendre qu'elle avait été inventée par les Anglais; tandis qu'au contraire on croit qu'elle avait été imaginée en France avant la révocation de l'édit de Nantes, en 1685, et qu'elle fut portée à cette époque en Angleterre, d'où elle nous est revenue environ quarante ans après. Je ne nierai pas formellement cette assertion, quoique j'aie bien de la peine à croire qu'il se soit passé un laps de temps aussi long, et surtout qu'il n'en soit resté aucune trace en France, enfin qu'aucun auteur ancien n'en ait parlé. Je ne suis pas anglomane, mais je suis juste, et je ne voudrais pas plus enlever aux Anglais une gloire qu'ils peuvent avoir, que je ne voudrais qu'ils nous enlèvent nos découvertes quelles qu'elles soient.

» Le nitrate de mercure donne peu d'action rentrante aux poils de castor et d'ours marin. La cause en est, selon moi, à ce que ces poils, appartenant à des animaux amphibies, sont toujours chargés d'un excès de suint qui met obstacle au contact de l'acide.

» L'acide nitrique contenant de l'acide sulfurique est très-propre pour faire feutrer et rentrer les poils ; cependant il en résulte un très-grave inconvénient : le duvet, oxidé par ce dernier acide, produit de bons chapeaux, mais ils se découvrent en magasin, c'est-à-dire que l'acide, par son principe désorganisateur, ronge le duvet qui forme le velu, et le raccourcit. Indépendamment de cela, les chapeaux ne sont jamais d'un beau noir, parce qu'il y a décomposition dans la matière.

» 2°. *Sur l'imperméabilité.* Plusieurs chapeliers annoncent qu'ils fabriquent des chapeaux auxquels ils donnent le nom d'imperméables, et ils les vendent plus cher par cette raison. Ils introduisent dans les pores du feutre des corps plus ou moins insolubles, tels que la gomme-laque et les résines. Avant de faire des annonces aussi fastueuses, ces fabricans auraient dû examiner si les résultats de leur imperméabilité de fraîche date, sont préférables à ceux que nous employons depuis long-temps.

» Les chapeaux que nous livrons au public sont encollés avec un mélange de gomme et de colle. Ces deux corps, combinés avec le feutre, ayant à peu près les mêmes principes, donnent l'imperméabilité nécessaire pour qu'aucun fluide ne traverse leur épaisseur. Si, pendant un an ou deux que peut durer un chapeau, l'apprêt que nous employons suffit pour qu'aucun fluide ne puisse le pénétrer, et que le consommateur soit assez garanti pour ne pas être mouillé, à quoi donc peut servir cet excès d'imperméabilité? Il n'a d'autre but que de faire payer les chapeaux plus cher que par la méthode ordinaire, de dérouter les ouvriers en les forçant à faire dilater les feutres par la chaleur, au lieu de leur laisser employer à cet usage la fraîcheur de la cave, comme ils avaient coutume de le faire.

» Le poil d'ours marin me paraît remplir,

jusqu'à un certain point cette condition. Il contient une quantité considérable de suint avec un excès de matière huileuse. Cette qualité extrêmement précieuse pour l'imperméabilité, 1°. empêche le nitrate de mercure de se fixer avec la même abondance sur les poils de cet amphibie; 2°. il empêche aussi la couleur noire de se fixer sur les chapeaux, et devient un obstacle à l'action rentrante du feutre.

» L'excès de suint que retiennent toujours les poils d'ours marin donne au chapeau qui en est recouvert une sorte d'imperméabilité qui se rapproche de celle que possèdent les plumes des oiseaux aquatiques, qui n'ont besoin que de se secouer pour faire tomber toute l'humidité qu'elles avaient retenue par leur séjour dans l'eau. Voilà le seul imperméable qui serait admissible : l'homme instruit qui trouverait le moyen de passer sur le velu, après la teinture, une liqueur capable de produire cet effet, aurait bien mérité de la chapellerie.

» *Conclusion.* J'ai écrit avec franchise et vérité. Je puis avoir fait des erreurs ; mais si quelque lecteur qui les apercevrait voulait avoir la complaisance de me les signaler, je les avouerai si elles sont réelles, et je les éviterai dans la description de l'art de la chapellerie dont je m'occupe.

FIN.

www.ingramcontent.com/pod-product-compliance
Ingram Content Group UK Ltd.
Pitfield, Milton Keynes, MK11 3LW, UK
UKHW022122260726
13993UKWH00003B/1174